LES
RACINES CARRÉES
ET
CVBIQVES
Dv Comte de Pagan.

THEOREME I.

SI sur une ligne droite, donnée, vous décrivez un quarré; & sur ce quarré vous élevez un cube, vous aurez le quarré & le cube, de la ligne droite donnée.

A

Comme la science d'extraire les Racines quarrées, & cubiques, des nombres donnez; appartient à l'Arithmetique, plutost qu'à la Geometrie : ie me suis proposé de les demonstrer en ces Commentaires, par les Nombres plutost que par les Figures, sans toutesfois negliger tellement ces dernieres, que les bons Geometres ne puissent facilement les entédre. Mais parce que le fondement de cette connoissance consiste dans les trois dimensions de la Nature, longueur, largeur, & profondeur, ie diray en faueur de ce premier Theoreme : Que la longueur est la ligne droite ; que la largeur convient à la superficie ; & que la hauteur ou profondeur est seulement propre au solide. Car si vous ajoustez la largeur à la longueur, vous formerez la superficie ; & si vous ajoustez la hauteur, ou profondeur à la superficie, vous aurez le corps solide. De sorte qu'il est facile à concevoir que la mesme ligne droite, qui est le costé du quarré formé sur sa longueur, est aussi le costé du Cube de la hauteur de cette ligne droitte : conformément à ce Theoreme, qui nous apprend que le costé du quarré, est aussi le costé du cube ; & par une raison contraire, que le costé du cube est aussi le costé du quarré, l'vn & l'autre formez sur la longueur d'une seule & droite ligne.

THEOREME II.

Si vous multipliez un nombre donné par luy-mesme, vous aurez le quarré du nombre donné ; & si vous multipliez ce quarré par le mesme nombre donné; vous aurez le cube du mesme nombre.

Si vous multipliez 8. nombre donné, par luy-mesme, c'est à dire par 8. vous aurez 64. pour le quarré de 8. nombre donné. Et si vous multipliez 64. par le mesme nombre 8. vous aurez 512. pour le cube du nombre 8. donné. Derechef si vous multipliez 20. nombre donné, par luy-mesme, c'est à dire par 20. vous aurez 400. pour le quarré du nombre donné 20. & si vous multipliez 400. par 20. vous aurez 8000o. pour le cube du mesme nombre, selon ce theoreme. Dautant qu'en ces deux regles, comme en toutes les autres, le premier nombre convient à la ligne droite, le second à la superficie, & le troisième au solide du premier theoreme.

THEOREME III.

Comme le cofté du quarré
eft auffi le cofté du cube, la
Racine du carré eft auffi la
Racine du cube: dautant que
les Racines font aux Nom-
bres, ce que les coftez font
aux Figures.

Comme en la Theorie, & l'vfa-
ge des nombres, les coftez du
quarré & du cube font appellez
Racines : ie diray en l'explication
de ce Theoreme, que dans les figures planes, & folides, les coftez font des lignes droites côme
au premier theoreme; & que dans
les Nombres quarrés & folides,
les Racines font des Nombres : &
partant que fi dans les unes les co-

ftez en font les principes , que
dans les autres les Nombres en
font l'origine , ou les Racines.
Comme en l'exemple du theoreme 2. le nombre 8. eft là Racine
du quarré 64. & du cube 512. &
que le nombre 20. eft la Racine
du quarré 400. & du cube 8000.

THEOREME IV.

Si les Racines données font
Rationelles, ou des nombres
Entiers, les quarrés & les cubes font Rationaux & des
nombres Entiers: Mais fi les
Racines données font Irrationelles ou des nombres
rompus ; les quarrés & les
cubes font Irrationaux & des
parties rompuës.

Sans m'arrester aux definitions
ordinaires, i'appelleray en cét ouvrage les Racines des nombres
entiers, Rationelles : & les Racines qui sont des nombres Entiers,
& des nombres Rompus, Irrationelles. Comme si 12. est une racine donnée ; ie diray que cette racine 12. est Rationelle : mais si 12. &
4. dixiéme est une racine donnée,
ie diray que cette racine est Irrationelle. Semblablement si 44.
est un quarré donné, ie diray que
ce quarré est un quarré rationel :
mais si 44. & 7. dixiéme est un
quarré dóné, ie diray que ce quarré est irrationel. Le mesme estant
des cubes donnés, soit des nombres entiers, ou des nombres entiers avec des parties rompuës.

THEOREME. V.

Tous les nombres donnés, font des nombres quarrés ou des nombres cubiques, & ces nombres font Rationaux, fi leurs racines font Rationelles, & Irrationaux, fi elles font Irrationelles.

Comme en la Geometrie tous les quarrez & tous les cubes ont des coftez, ie dis qu'en l'Arithmetique tous les carrez & tous les cubes donnés, ont des racines: quoique les nombres des quarrez ou des cubes, foient des nombres entiers ou des parties rompuës. Et pour achever l'explication de ce Theoreme, ie diray que fi vous prenez le quarré ou le cube d'un nombre entier, que ce cube ou ce quarré seront rationaux, comme au Theoreme 2. Mais si le nombre de la racine dōnée, est 3. & 4. dixiéme, vous multiplierez 3. 4. par 3. 4. pour avoir 10. 56. c'est à dire dix & 56. centiesme : pour le nombre du quarré irrationel produit par 3. & 4. dixiéme, nombre de la racine irrationelle. Derechef vous multiplierez 10. 56. par le même nombre 3. 4. pour auoir 35. 904. c'est à dire 35. parties entieres, & 904. milliémes pour le cube irrationel de la mesme racine, de 3. parties entieres & 4. dixiéme. D'où il est évident que si les fractions de la racine sont des dixiémes, que les fractions du carré sont des centiémes ; & les fractions du cube des milliémes.

THEOREME VI.

En toute racine donnée si vous divisez le quarré & le cube, par le quarré & le cube de 2. vous aurez le quarré & le cube de la moitié de voftre racine donnée: & si vous les divifez par le quarré & le cube de 3. vous aurez le quarré & le cube du tiers de la mefme racine.

Soit 10. le nombre de la racine dõnée, & 5. la moitié de cette racine: Ie dis que si vous divifez 100. quarré de la racine donnée, par 4. quarré du nombre 2 que vous aurez 25. pour le quarré du nombre 5. moitié de la racine donnée. Et derechef que si vous divifez 1000. cube de 10. nombre de la racine donnée, par 8. cube du nombre 2. que vous aurez 225. pour le cube de 5. moitié de cette racine. Davantage foit 12. le nombre d'une autre racine donnée, & 4. le tiers de cette racine : ie dis en fuite que fi vous divifez 144. quarré de 12, nombre de la racine donnée, par 9. quarré du nombre de 3. que vous aurez 16. pour le quarré du tiers de cette racine. Et derechef, que fi vous divifez 17.28. cube de 12. nombre de la racine donnée par 27. nôbre du cube de 3. que vous aurez 64. pour le cube du tiers de cette racine, le mefme eftant des autres.

THEOREME. VII.

Derechef, aux mefmes racines données; fi vous divifez

les quarrés, & les cubes, par
le quarré & le cube de 4. vous
aurez les quarrez & les cubes
de la quatriéme partie de la
mesme racine. Et si vous les
divisez par le quarré & le cube de 10: vous aurez les quarrez & les cubes de la dixiéme
partie de la mesme racine
donnée.

Ce theoreme n'estant qu'une
suite du theoreme 6. il est facile à
concevoir qu'en divisant de la
sorte les quarrés & les cubes d'u-
ne racine donnée, que vous aurez
les quarrés & les cubes de telle
ou de telle partie de cette racine.
Comme en cét exemple d'une racine donnée 20. Car si vous divisez son quarré 400. par 100. quarré
de 10. vous aurez 4. pour le quar-

ré de 2. dixiéme partie de 20. racine donnée: & derechef fi vous
divifez 8000. cube de la mefine
racine 20 par 1000. cube du nombre 10, vous aurez 8. pour le cube
de la dixiéme partie de cette racine donnée.

THEOREME VIII.

Comme les nombres des ra-
cines données font des longueurs, & les nombres des
quarrés, font des fuperficies:
les nombres des cubes font
des folides. Et partant fi vous
aiouftez une figure au nombre de la racine donnée, vous
en aioufterez deux, au nombre de fon quarré ; &

trois au nombre de son cube.

Tout le secret de cét vsage consiste à bien considerer que la racine estant une longueur, le quarré une superficie, & le cube un solide : que la premiere ne consiste que d'un seul terme longueur, la secõde de deux termes, longueur & largeur, & le troisiéme de trois termes longueur, largeur, & profondeur; & partant que si vous ajoustez à la racine vne figure, il en faut ajouster deux au quarré & trois au cube, comme si la racine donnée estoit 4. son quarré 16. & son cube 64. Il faudroit ajoustant un zero à la premiere, ajouster deux zeros au second, & trois zeros au troisiéme ; pour avoir la racine de 40. le quarré de 1600. & le cube de 64000.

THEOREME IX.

Mais ſi vous aiouſtez deux figures au nombre de la meſme racine, vous en aiouſterez quatre, au nombre de ſon quarré; & ſix au nõbre de ſon cube, en gardant touſiours le meſme ordre, dans le prolongement de vos racines données.

Ce theoreme eſt une ſuite de l'operation du theoreme 8. & nous enſeigne à doubler touſiours les augmentations du quarré & à tripler celles du cube : car ſi en la racine dõnée de 4. qui a ſon quarré de 16. & ſon cube de 64. vous ajouſtez deux zeros; il faut en ajouſter quatre au quarré & ſix au cube pour avoir la racine eſtant

de 400. son quarré de 16000 &
son cube de 64. 000000. le mesme
estant des autres nombres.

THEOREME X.

Semblablement dans les
nombres quarrez &cubiques,
si vous aioustez trois figures
aux cubes, ou deux aux quarrez, vous aiousterez une figure au nombre de leurs racines; & si vous aioustez six figures au nombre descubes ou
quatre au nombre des quarrez, vous en aiousterez deux
à leur mesme racine, en gardant touiours le mesme ordre.

Comme ce Theoreme est la
raison

raiſon converſe des deux precedents, vous devez concevoir encore une fois que ſi vous oſtez la
hauteur d'un cube donné, vous
aurez ſon quarré, & que ſi vous
oſtez la largeur, vous aurez ſon
roſté ou ſa Racine. Dauantage
que ſi vous oſtez d'un cube donné
la hauteur & la largeur, vous aurez tout d'un coup ſon coſté ou ſa
racine: & partât ſi du cube 27000
vous oſtez trois zeros de ſon quarré 900 vous en oſtez 2 de ſa racine 300 ſeulement 1. vous aurez
27. pour le cube, 9. pour le quarré, & 3 pour la racine.

THEOREME XI.

En la theorie & l'vſage des
nombres, les figures poſte-
rieures ſont toûjours des fra-
ctiõs des figures anterieures:

B

& si vous couppez en deux parties un nombre donné, par une virgule; les figures anterieures seront des nombres entiers, & les figures posterieures serōt des nombres rōpus & fractions des autres.

Nous devons concevoir en la position des figures d'un nombre que la seconde est tousiours des dixiémes de la premiere, la troisiesme des dixiesmes de la seconde, & que la seconde & la troisiesme figure sont ensemble des centiesmes de la premiere, comme du nombre 8. 4. 7 de trois figures, ie dis que le 4. secōde figure sont des dixiesmes du 8. que le 7. troisiesme figure sont des dixiesmes du 4. & que 4. 7. sont des centiesmes de la premiere figure

8. le mefme eftant d'un plus grãd nombre que vous couperez par une virgule, en deux parties, anterieure, & pofterieure, comme 6. 7. 4, 8, 3. 9. Car 6. 7. 4. feront les parties entieres, & 8. 3. 9. les fractions des autres.

THEOREME. XII.

Au precedent Theoreme, fi la partie pofterieure du nombre total coupé eftd'une figure, les fractions feront des dixiefmes : fi elle eft de deux, les fractions feront des centiefmes, & fi elle eft de trois. les mefmes fractions feront des milliefmes.

Soit le nombre total donné 6 7 4 8 3 9 que vous couperez

premierement de la sorte 6 7 4 8 3, 9 pour avoir en la partie posterieure seulement des dixiesmes : mais si vous le couppez en cette maniere 6 7 4 8, 3 9 vous aurez des centiesmes pour les fractions à cause des deux figures 3 9. Derechef si vous couppez le mesme nombre total de la sorte, 6 7 4, 8 3 9, vous aurez des milliesmes dans les nombres rompus, & si vous le couppez de cette autre maniere 6 7, 4 8 3 9 vous aurez pour les fractions des dixmilliesmes, ainsi du reste. D'où il est évident qu'autant que vous ajousterez de zeros au nombre que vous aurez à diviser, que vous aurez autant de figures dans le quotient de la division pour la partie posterieure qui seront les fractions de voltre regle.

THEOREME XIII.

Comme dans le comparti-
ment des nombres quarrez,
les chambres sont tousiours
de deux figures: dans le compartiment des nombres cu-
biques, les chambres en sont
tousiours de trois. Mais tant
les chambres des nombres
quarrez, que les chambres des
nombres cubiques, ne don-
nent iamais qu'une figure;
dans le quotient de leurs ra-
ines.

Lors que vous aurez un nom-
re, soit quarré soit cubique pour
n tirer la racine, vous le coupe-
ez à commencer du costé de la

main droite , & en reculant de
deux en deux figures pour le
quarré, & de trois en trois figures pour le cube. Et les compartimens de voſtre nombre de deux
en deux figures , ou de trois en
trois; ſeront des châbres qui vous
donneront chacune dans le quotient de l'operation une figure
pour la racine du quarré ou du
cube. Parce qu'autant de chambres que vous aurez en ces compartimens, vous donneront autant
de figures dans le nombre de la
racine.

THEOREME. XIV.

Dans les nombres quarrez
comme dans les nombres cubiques, les figures de la premiere chambre ſont diverſes
& variables ; ſelon la quanti-

té des figures du nombre total: mais comme cette premiere chambre n'excede iamais le nombre des figures
des autres; elle ne donne iamais aussi plus d'une figure
dans le mesme quotient de la
racine.

Si en coupant de deux en deux
les figures du nombre quarré, suivant les théoremes precedens, il
vous reste une figure ou deux pour
a premiere chambre, cette premiere chambre vous donnera toû-
ours seulement une figure pour
a racine. Le mesme estant du
nombre cubique, parceque l'ayāt
ouppé de trois en trois figures
omme il est desia dit, vous pren-
rez le reste pour la premiere châ-
bre, soit de trois soit de deux, ou

d'une seule figure, comme il peut
arriuer. Mais en tout cas cette
premiere chambre de trois, de
deux, ou d'une seule figure, vous
donnera seulement une figure
dans le nombre de la racine cubique.

THEOREME XV.

Dans les operations des racines quarrées & cubiques, les
nombres inferieurs & posez
n'anticipent iamais d'une
chambre sur l'autre : suiuāt la
droite succession de leur ordre. Mais en retrogradant, ils
peuvent occuper les cham-
bres anterieures expediées.

Par le nombre inferieur de toutes ces regles, i'entends le nom
br

bre qui eſt poſé en chacune des
chambres pour diviſer le nombre
ſuperieur qui eſt au deſſus de la ligne droite, c'eſt pourquoy il faut
touſiours conſiderer de bien poſer
les nombres inferieurs de chaque
chambre, en telle ſorte qu'ils n'anticipent jamais dans les chambres
qui ſuivent la leur. Comme ſi c'e-
ſtoit, par exemple, le nombre inferieur de la ſeconde chambre, il
ne faut point en le poſant qu'il
paſſe dans la troiſieſme : mais ſeulement qu'il rempliſſe la ſeconde
chambre, & s'eſtende en arriere
dans la premiere, s'il eſt neceſſaire,
tant pour les quarrez que pour les
cubes.

THEOREME XVI.

Si d'un quarré total vous
oſtez un quarré par l'un des

angles: vous aurez un gnomó regulier, & ſi d'un cube total vous oſtez un autre cube par l'un des angles, vous aurez une boiſte cubique reguliere.

Les Geometres pourront avoir facilement l'intelligence du preſent Theorême, car ſi d'un quarré parfait vous oſtez un autre quarré moindre que le premier par l'un des angles de la figure quarrée, vous aurez dans le reſte un gnomon regulier, c'eſt à dire compris de coſtez égaux ou paralelles. Et ſi d'un cube ſolide vous oſtez un autre cube moindre que le premier par l'un des angles de la figure ſolide, vous aurez dans le reſte une boiſte cubique reguliere compriſe de coſtez, & de faces égales ou parallelles, comme

il se peut voir à l'aide des figures
artificielles ou materielles.

THEOREME XVII.

Comme le costé du quarré
souftrait & la largeur du gnomon de son reste ; font enfemble égaux au costé du
quarré total : si vous aiouftez
au costé du quarré souftrait,
la largeur du gnomon de son
reste ; vous aurez le costé du
quarré total, le mesme estant
des nombres comme des fi-
gures.

Il est facile à côcevoir que le costé du quarré souftrait & la largeur du gnomon de son reste, font
enfemble égaux à tout le costé du
quarré total : & partant si au costé

du quarré souftrait de 40 parties
égales, vous ajouftez la largeur du
gnomon de 7 parties, vous aurez
le cofté du quarré total de 47. parties égales, ou autrement de 4.
parties entieres & de 7. dixiefmes.
Ce qui fuffit pour un exemple.

THEOREME XVIII.

Comme le cofté du cube
fouftrait, & l'époiffeur de la
boifte cubique de fon refte,
font enfemble égaux au cofté du cube total. Si vous a-
iouftez au cofté du cube fouftrait l'époiffeur de la boifte
cubique de fon refte, vous
aurez le cofté du cube total, le mefme eftant des nombres que des figures.

Ce que ie viens de dire pour le quarré, ie le diray aussi pour le cube, dautant que si vous adjoustés au costé du cube soustrait de 30. parties égales l'époisseur de la boiste cubique de son reste de 4.parties vous aurés pour le costé du cube total de 34. parties egales, ou autrement de 3. parties entieres & de 4 dixiesmes, comme il se verra plus clairement dans la suitte.

THEOREME XIX.

Aux précedentes figures comme les deux costés interieurs du gnomon sont égaux aux costés du quarré soustrait : les deux costés exterieurs du mesme sont égaux aux costés du quarré

total , & comme les trois
quarrés interieurs de la boiste cubique sont égaux aux
quarrés du cube soustrait:
les trois quarrés exterieurs
de la mesme , sont égaux
aux quarrés du cube total,
le mesme estant des nom-
bres.

Si le costé du quarré total est
de 47. parties & le costé du quarré soustrait de 40. ie dis que les
deux costés interieurs du gnomon seront de 40. parties chacun, & les deux costés exterieurs
du mesme gnomon de 47. parce
comme dit le Theorême que les
deux costés interieurs du gnomon, sont égaux au costé du
quarré soustrait & les deux costés exterieurs au costé du quar-

ré total. Derechef si le quarré de l'un des costés du cube souftrait est de 900. parties & le quarré de l'un des costés du cube total de 1056. ie diray que le quarré de l'un des trois costés interieurs de la boiste cubique sera de 900. parties, & le quarré de l'un des trois costés exterieurs de la mes-me boiste cubique de 1056. con-formement à ce Theorême.

THEOREME XX.

Comme tout le gnomon est de mesme largeur, vous le partagerés en deux rec-tangles, dont les costés mi-neurs seront égaux entre-eux ; & le costé majeur de l'un, égal au costé du quar-ré souftrait ; & le costé majeur de l'autre , au costé du quarré total selon les mesmes maximes.

Dautant que les quarrés sont des figures planes qui ont des superficies, & que les gnomons sont aussi des figures planes; vous en trouverez la superficie de la sorte. Multipliez le costé du quarré soustrait de 40. par 7. largeur du gnomon de son reste, & vous aurez 280. pour la superficie du premier rectangle. Derechef multipliez le costé du quarré total de 47. par la mesme l'argeur de 7 & vous aurez 3.2.9. pour la superficie du second rectangle, cela fait, adjoustez les deux superficies ou les deux rectangles qui sont les deux pieces du gnomon pour avoir 609. qui est toute la superficie du gnomon de ce Theorême en suivant l'exemple du Theorême 19.

THEOREME XXI.

Comme la boiste cubique est par tout de mesme époisseur : vous la partagerés en trois tables solides ; dont les deux seront des quarrés, l'un égal au quarré du cube soustrait, & l'autre au quarré du cube total, mais la troisiesme de ces tables sera un rectangle compris des costés de l'un & de l'autre cube.

Parceque la boiste cubique de tous ces Theorêmes est solide, vous la pourrez partager en trois pieces qui auront longueur, largeur & profondeur, à sçavoir en deux quarrés solides ; le premier égal au quarré de l'un des costés

du cube souftrait & le second
égal au quarré de l'un des coftez
du cube total. Mais la troifiéme
piece fera un rectangle folide qui
aura pour le cofté majeur le cofté
du cube total,& pour le cofté mineur le cofté du cube fouftrait;
toutefois l'efpaiffeur de ces trois
pieces ou tables folides, fera toûjours l'efpaiffeur de la boifte cubique fuivant les precedentes
maximes.

THEOREME XXII.

Et partant fi vous multi-
pliés le cofté interieur & le
cofté exterieur du gnomon
des precedents Theorêmes
par fa largeur, vous aurez
toute la fuperficie du mefme, que vous trouverez auffi

dans un feul rectangle fi
vous prenez le moyen Ari-
thmetique proportionnel,
entre le double du cofté du
quarré fouftrait & le double du cofté du quarré total
pour fa longueur, & pour
fon cofté mineur la largeur
des autres.

Côme ce Theoréme eft la fuitte
du Theorême 20. ie diray feule-
mét en cét endroit que vous pou-
reduire les deux rectangles du
gnomon dans un feul, en proce-
dant de la forte, doublés 40, cofté du quarré fouftrait & 4.7, cofté du quarré total, & vous aurez 80. & 94. puis adjouftez ces
deux nombres pour avoir 174.
fomme des deux & en prenez la
moitié qui eft 87. pour le cofté
majeur d'un rectangle, donc le

cofté mineur fera toufiours 7,
largeur du gnomon du Theorême 20. car vous aurez en cét
unique rectangle le gnomon tout
entier, fi vous multipliez 87 cofté
majeur, par 7. cofté mineur du
mefme dont le produit de la mul-
tiplication fera toufiours de 109.
comme au Theorême 20 pour
toute la fuperficie demandée.

THEOREME XXIII.

Semblablement fi vous ad-
jouftez enfemble le quarré
du cofté du cube fouftrait,
le quarré du cofté du cube
total , & le rectangle compris de ces deux coftés;
vous aurés toute la fuperficie
de la boifte cubique reduite
en un feul nombre que vous
multipliérés en fuitte par

son espoisseur, pour en avoir tout le solide.

Ce Theorême est la suitte du Theorême 21. & ie dois maintenant en expliquer la doctrine par les nombres; prenez dans le commétaire du Theorême 19. la superficie du quarré de l'un des costés du cube soustrait de 900. & la superficie du quarré de l'un des côtez du cube total de 1056. & tout de suitte la superficie du Rectágle le compris des deux costez de ces deux quarrés 30 & 134. qui sera 1020. Derechef adjoustez ces trois superficies, & vous aurez toute la superficie de boiste cubique de 2076, reduite dans un seul plan que vous multiplierez en suitte par 4 espaisseur de la mesme boite cubique pour avoir tout le solide de la mesme 12304. le solide de cette boiste cubique & le solide du cube soustrait, sont enſemble & touſiours égaux au ſolide du cube total ſuivant ces Theorême.

THEOREME XXIV.

Derechef ſi vous partagés le meſme gnomon en trois figures planes, & de meſme largeur, vous aurés deux rectangles égaux de la longueur du coſté du cube ſouſtrait, & un quarré de la largeur des meſmes rectangles.

Vous trouverez en ce Theoreme un ſecōd partage du gnomon des Racines quarrées en trois pieces ou figures planes touſiours, & toutes les trois de meſme largeur, ce que vous ferez en prenant le coſté du quarré ſouſtrait pour la longueur de chaque Rectangle,

afin d'avoir 40.pour le cofté majeur de l'un & de l'autre, & 7.
pour le cofté mineur de chacun
d'eux. Mais la troifiefme piece en
cét exemple, eft un quarré parfait fur le cofté de 7 parties, é-
gales aux autres.

THEOREME XXV.

Semblablement fi vous
partagés la boifte cubique en
quatre pieces de mefme efpoiffeur , vous aurés trois
Rectangles égaux & folides
dont les coftés majeurs feront les coftés du cube total; & les coftés mineurs , les
coftés du cube fouftrait :
mais la quatriefme de ces
pieces fera un cube de l'ef-

poisseur de la mesme boiste.

Vous verrez pareillement en ce Theorême un second partage de la boiste cubique en quatre pieces solides, car si le costé du cube souftrait est de 30. & le costé du cube total de 34. l'espoisseur de la boiste cubique sera 4. des mesmes parties, & partant le costé majeur des trois Rectangles égaux sera de 34. & le costé mineur de 30. sur l'espoisseur en tous les trois de 4 qui est aussi le costé du petit cube la quatriesme de toutes ces pieces.

THEOREME XXVI.

Et partât si vous multipliés les trois longueurs du costé du cube total, par la longueur du costé du cube soustrait,

ſtrait, & adjouſtés à ce produit le quarré de l'eſpoiſſeur
de la precédente boiſte cubique, vous en aurés toute la
ſuperficie dans un ſeul nombre; lequel vous multiplie-
rés derechef par la meſme eſpoiſſeur, pour en avoir tout
le ſolide.

Pour ſuivre l'exemple du prece-
dét Theorême vous adjouſterez
premierement les trois longueurs
du coſté du cube total de 34. pour
avoir 102. que vous multiplierez
en ſuitte par 30. coſté du cube
ſouſtrait & vous aurez dans le
produit 3060. Derechef multipliez 4 eſpoiſſeur de la boiſte
cubique, par 4. & vous aurez 16.
pour le quarré de cette eſpoiſſeur
que vous adjouſterez au pro-

D

duit 3060. pour auoir 3076. qui
eſt toute la ſuperficie de la boiſte
cubique ; finalement vous multipliés toute la precedente ſuperficie par 4. & vous aurez 12304.
pour tout le ſolide de la boiſte
cubique.

THEOREME XXVII.

Finalement ſi vous parta-
gés la boiſte cubique en ſept
pieces de meſme eſpoiſſeur,
vous aurés les trois quarrés
ſolides de la ſuperficie interieure, les trois colomnes
ſolides de meſme longueur
& le cube de la meſme eſ-
poiſſeur, ſuplément de tout
le ſolide.

En ce Theorême vous avez le
troiſiéme partage de la boiſte cu-

bique, le plus commun en l'ufage
des Racines cubiques, & le plus
ordinaire. Ce partage eft de fept
pieces à fçavoir de trois quarrés
folides qui ont 20. pour le cofté
& 4. pour l'efpoiffeur: de trois
Colomnes folides qui ont pareillement 30. pour la hauteur & 4.
pour l'efpoiffeur : & enfin d'un
cube formé fur la mefme efpoiffeur de 4. en tirant tous ces nombres des precedents exemples.

THEOREME XXVIII.

Et partant fi vous triplés
la longueur du cofté du cube fouftrait & en multipliés
le produit par la mefme; vous
aurés la fuperficie interieure
de la boifte cubique. Derechef fi au triple de cette lon-

gueur vous adioustés l'ef-
poisseur de la mesme boiste,
& en multipliés toute la
somme par la mesme espoif-
seur, vous aurés la superficie
des trois Colomnes quarrées
& du petit cube. Que si vous
adioustés les deux precé-
dentes superficies & les multipliés par l'espoisseur de la
mesme boiste cubique, vous
en aurés enfin tout le solide.

Cõme ce Theorême dépend du
Theorême 22. vous devez le concevoir de la sorte, triplez le cofté du cube soustrait de 30. &
vous aurez 90. pour le triple de ce
cofté que vous multiclierés par 30
pour avoir 2700. pour la superficie des trois cofteés interieurs de la
boiste cubique. Derechef adiou-

ftez au mefme triple de 90. la mefme efpoiffeur de 4. & vous aurez 94. pour toute la longueur des trois colomnes & du petit cube, laquelle vous multiplierez auffi par 4. afin d'avoir 376 pour la fuperficie des trois colomnes quarrées & du petit cube. Cela fait, adiouftez ces deux fuperficies l'une de 2700 & l'autre de 376. pour avoir 3076. pour toute la fuperficie de la boifte cubique, afin de la multiplier par 4. efpaiffeur de la mefme pour avoir 12304. pour tout le folide de la boifte cubique conformement aux autres exemples.

THEOREME XXIX.

En la Theorie des nombres quarrés & cubiques, fi les nombres donnés font rationaux dans les conditions des precédents Theoremes, les gnomons feront rationaux & les boiftes cubiques rationelles. Mais fi les nombres donnez font irrationaux, les gnomons feront irrationaux & les boiftes cubiques irratio nelles.

Dautant que i'ay fait connoiftre dans les precedents Theorêmes que les nombres quarrés & cubiques donnez font rationaux, quand les racines des uns & des autres font rationelles, c'eft à dire qu'elles font de nombres entiers & non rompus, vous devez maintenant confiderer que fi les quarrés & les cubes donnez font rationaux, que les gnomons & les boiftes cubiques feront pa.

reillement rationelles, c'eſt à dire des nombres entiers. Mais ſi les quarrés & les cubes donnez ſont irrationaux dans les conditions contraires, les gnomons & les boiſtes cubiques feront irrationelles, c'eſt à dire de parties entieres, & de parties rompuës, comme il ſe verra clairement dans la ſuitte de cét ouvrage.

THEOREME XXX.

Si dans les operations des racines quarrées & cubiques vous n'avez des figures aux nombres donnez que pour une chambre : vous n'aurez point de gnomon ny de boiſte cubique de reſte, & le quotient de la racine ne ſera que d'une figure. Mais ſi les nombres posez en cette unique chambre sont irrationaux, vous n'aurés de gnomon & de boîtes cubiques de reste que pour les fractions de la racine.

Si vous n'avez de nombres donnez que pour occuper ou remplir une seule chambre, & que ces nombres soient rationaux, c'est à dire pour la racine quarrée de 2. de 4. de 9. de 16. de 25. de 36. de 49. de 64. ou de 81. vous n'aurez qu'une figure dans le quotient de vostre operation pour la racine quarrée, le mesme estant des racines cubiques, si les nombres donnez sont seulement de 2. de 8. de 27. de 64. de 125. de 216 de 343. de 512. ou de 729. mais si les nombres quarrés & cubiques donnez pour cette

cette feule & premiere chambre
fe treuvent irrationnaux ou di-
vers de tous les nombres precedents, vous n'aurés de gnomon &
de boites cubiques de refte que
pour les fractions de la racine. Ce
que vous ferés en adiouftant des
chambres de deux Zero chacune
pour les nombres quarrés, & chacune de trois Zero pour les nombres cubiques, comme vous le
verrés mieux dans la fuitte.

THEOREME XXXI.

Aux mefmes operations
arithmetiques, fi le compartiment des nombres donnés
eft de deux chambres, la
premiere fera pour le quarré
ou le cube fouftrait ; & la
feconde pour le gnomon ou

E

la boite cubique du reſte,
Que ſi les nombres poſés en
ces deux chambres ſont rationaux, la racine en ſera
rationelle & de deux figures : mais ſi les nombres ainſi
poſés ſont irrationaux vous
aurés d'autres gnomons ou
boites cubiques de reſte
pour les fractions de la meſme racine.

Ce Theorême n'a point d'autre
explicatiõ que celle du precedent
auec ſeulement cette difference,
que les deux chambres de celuy-
cy donneront deux figures dans
le quotient de la racine quarrée
ou cubique.

THEOREME XXXII.

Dans le compartiment des
nombres quarrés & cubi-
ques la premiere chambre
eſt touſiours pour le quarré
ou le cube ſouſtrait, la ſeconde chambre pour le premier gnomon ou la premie-
re boite cubique ; la troiſiéme chambre pour le ſecond
gnomon ou la ſeconde boi-
te cubique, & la quatrieſ-
me chambre pour le troi-
ſiéme gnomon ou la troiſiéme boite cubique ; ſuivant
touiours le meſme ordre.

D'où il eſt évident en l'uſage
de cette ſcience, que ſi vous avés
plus de deux chambres dans le

compartiment des nombres donnés que vous aurés plus d'un gnomon dans vos quarrés , & plus d'une boite cubique dans vos cubes, & qu'à mesure que les chambres augmenteront, que les gnomons ou les boites cubiques feront en plus grand nombre comme il se void en ce Theoreme.

THEOREME XXXIII.

En la disposition des chambres precedentes , si les nombres donnés qui les occupent sont rationaux , le dernier gnomon ou la derniere boite cubique ne vous laissera rien de reste : mais s'ils sont irrationaux , vous aurés encore des gnomons ou des

boites cubiques, pour les
fractions de la racine trouvée.

Si les nombres quarrez ou cubiques donnez occupent, ou deux
ou trois, ou quatre chambres, &
que ces nombres soient rationaux
selon les precedentes maximes.
Ie dis qu'en l'operation de la derniere chambre, il ne restera nulles
figures pour les fractions. Mais si
tous les nombres donnez sont irrationaux, vous aurez apres l'expedition de la derniere chambre
des figures de reste, pour avoir des
fractions en la racine, comme je
l'enseigneray aux derniers Theoremes.

THEOREME XXXIV.

En la Theorie de cette doctrine, la largeur du gnomon
ou l'espaisseur de la boite cu-

bique eſt d'autant de figures qu'il y a de chambres aux nombres donnez , ſans conter la premiere : & partant vous partagerez le gnomon total ou la totale boite cubique en autant de gnomons ou de boites cubiques, que vous aurez de chambres en vos nombres donnez enſuite de la premiere.

Vous devez conſiderer en ce Commentaire, que ſi par exemple vous avez quatre chambres dans le compartiment de vos nombres quarrez, que vous aurez quatre figures dans la racine, dont la premiere ſera la meſure du coſté du quarré ſouſtrait, & les trois autres la meſure de la largeur de tout le gnomon de ſon reſte, le meſme eſtant des racines cubiques, parce que la premiere figure des quatre, fera la mefure du cube fouftrait, & les trois autres la mefure de l'efpoiffeur de la boite cubique de fon refte.

THEOREME XXXV.

Toûjours dans le partage du gnomon total en diverfes autres figures planes & femblables, la premiere fouftraite eft plus large que la feconde, la feconde, que la troifiéme, & la troifiéme que la quatriéme. Dautant que les figures du nombre de la largeur des fuccedentes font toûiours des dixiémes des figures du nombre de la largeur des antecedantes; le mefme eftant de

l'espoisseur des diverses boîtes cubiques souftraites les
unes apres les autres de la totale.

Apres avoir extrait du quarré
total le quarré que nous appel-
lons souftrait, il faut extraire autant de gnomons semblables entr'eux, qu'il y a de chambres dans
le compartiment des nombres
donnez, & apres avoir extrait du
cube total le cube que nous ap-
pellons souftrait, il faut extraire
autant de boites cubiques semblables entr'elles, qu'il y a de
chambres dans le compartiment
du premier nombre. Mais vous
devez considerer que les premiers
gnomons ou les premieres boites
cubiques extraites sont toûjours
plus larges ou plus épaisses que
les secondes, & les secondes que
les troisiémes, à cause de ce que

nous avons déja dit des nombres,
que les figures fuccedantes font
toûjours des dixiémes des figures
antecedantes.

THEOREME XXXVI.

Aux mefmes figures planes
& femblables au gnomon
total, comme les coftez interieurs de la premiere font é-
gaux aux coftez du precedent
quarré fouftrait, les coftez interieurs de la feconde font é-
gaux aux coftez exterieurs de
la premiere, les coftez interieurs de la troifiéme aux côtez exterieurs de la feconde,
& les coftez interieurs de la
quatriéme aux coftez exte-
ieurs de la troifiéme.

CeTheorême eſt aſſez clair pour les Geometres qui pourront le comprendre facilement, ſans leur en donner icy les figures.

THEOREME XXXVII.

Semblablement, comme les trois quarrez de la ſuperficie interieure de la premiere boite cubique ſont égaux aux trois quarrez de la moitié de la ſuperficie du precedent cube ſouſtrait ; les trois quarrez de la ſuperficie interieure de la ſeconde, ſont égaux aux trois quarrez de la ſuperficie exterieure de la premiere, les trois quarrez de la ſuperficie interieure de la troiſiéme aux trois quarrez de la superficie exterieure de la seconde, & les trois quarrez de la superficie interieure de la quatriéme aux trois quarrez de la superficie exterieure de la troisiéme.

Comme ce Theorême apartient aussi à la Geometrie plûtost qu'à la science des nombres : je n'estime pas le devoir expliquer davantage, remettant les curieux à l'examiner à l'aide des figures solides.

THEOREME XXXVIII.

Comme les quarrez & les cubes soustraits sont toujours rationaux, tous les gnomons soustraits sont aussi rationaux , & toutes les boites cubiques soustraites aussi rationelles : dautant que les largeurs du quarré & des gnomons, comme les espaisseurs du cube & des boites cubiques ne sont que de nombres entiers , & fractions les unes des autres.

Vous devez remarquer en l'usage de toutes ces operations, que les quarrez & les cubes soustraits sont toûjours rationaux , comme pareillement les gnomons & toutes les boites cubiques soustraites toûjours rationelles. Davantage vous devez considerer que l'espaisseur de la premiere boite cubique est toûjours moindre que 10. dixiémes des nombres entiers du costé du cube soustrait, & que l'espaisseur de la seconde boite cubique est toûjours moindre que 10. dixiémes des parties de la premiere, le mesme estant des autres, comme semblablement du quarré souftrait, & de tous les gnomons qui les suivent pour les racines quarrées.

THEOREME XXXIX.

Si dans les operations de la premiére chambre des nom- bres quarrez & cubiques dó- nés, il reste encore des figures aprês en avoir souftrait le quarré ou le cube posé, ces fi- gures de reste avec celles de la seconde chambre, ne font plus qu'un seul nombre des- ftiné pour le premier gno- mon de la racine des quarrez, & pour la premiere boite cu- bique en la racine des cubes.

Soit le nombre quarré pour en extraire la racine 1047. party en deux chambres: à sçavoir 10. pour la premiere, & 47 pour la seconde. Derechef soit osté 9. quarré souftrait de 10. nombre de la premiere chambre, & vous aurez 1. de refte, lequel avec 47. nombre de la feconde chambre, fait 147. pour tout le nombre fuperieur de la feconde chambre de voftre regle, apres avoir pofé toutefois dás le quotient de la racine, le nombre ou la figure de 3. qui eft la racine du quarré fouftrait 9. de la premiere chambre. Soit femblablement le nombre cubique donné pour en extraire la racine 76842. party en deux chambres, à fçavoir 76. pour la premiere chambre, & 842. pour la feconde. Derechef foit ofté 64. cube fouftrait de 76. & vous aurez 12. de refte, lequel avec 842. nombre de la feconde, fait 12842. pour tout le nombre fuperieur de la feconde chambre cubique, apres avoir toutefois pofé dans le quotient de la racine le nombre ou la racine de 4. qui eft la racine du cube fouftrait 64. de la premiere chambre.

THEOREME XL.

Au precedent Theoreme, le nombre fuperieur de la feconde chambre, eft la fuperficie du premier gnomon ou le folide de la premiere boite cubique, foit rationelle, foit irrationelle: mais le gnomon que vous en devez ofter doit eftre rationel, & la boite cubique auffi toujours rationelle.

Comme il eſt neceſſaire dans les progrez de toutes ſciences de poſſeder les choſes antecedentes pour entendre les choſes ſuccedantes. Ie vous diray une fois pour toutes, que vous devez vous ſouvenir ou ſouvent repaſſer les precedens Theoremes, pour mieux entendre les autres : toutefois je ne laiſſeray pas de vous declarer encore une fois que ſi le nombre ſuperieur de la ſeconde chambre, ſoit des quarrez ou des cubes eſt rationel, que vous n'aurez qu'un ſeul gnomon ou boite cubique de reſte. Mais ſoit que tout le nombre ſuperieur de la premiere chambre, qui eſt toûjours la ſuperficie d'un gnomon ou le ſolide d'une boite cubique ſoit rationel ou irrationel, il faut toûjours que le gnomon ſouſtrait ou la boite cubique ſouſtraite du meſme nombre ſoit rationel ou rationelle.　Theor.

THEOREME XLI.

Comme en tous les gno-
mons vous n'avez de donnez
que les deux coftez interieurs
& toute la fuperficie, & en
toutes les boites cubiques
que les trois quarrez de la fuperficie interieure & tout le
folide : vous ne pouvez iamais trouver en l'un la iufte
largeur, ny la iufte épaiffeur
en l'autre.

Pour entendre ce Theorême il
faut ajoûter ce qui fuit qu'avec le
nombre feulement de la premiere
chambre, qui eft une fuperficie
pour les quarrez, & un folide
pour les cubes, vous ne pouvez
trouver ny le veritable gnomon

F

ny la vraye boite cubique : c'eſt
pourquoy il faut employer en cet
uſage des gnomons ou des boites
cubiques la racine du quarré ſouſtrait pour en former les deux coſtez intericurs du premier gnomon & la racine du cube ſouſtrait
pour en former les trois quarrez
interieurs de la boite cubique
pour arriver à la fin de voſtre regle.

THEOREME XLII.

Tous les gnomons & les
boites cubiques à ſouſtraire
ſont touſiours rationaux ou
rationelles : dautant que la
largeur des uns & l'eſpaiſſeur
des autres ſont touſiours pri-
ſes en nombres entiers & non
rompus, & ce qui reſte au
nombre ſuperieur de leurs

chambres se confond dans le nombre superieur de la suivante, selon les precedens Theoremes.

I'entends qu'un gnomon est rationel, lorsque sa largeur comme ses costez sont des parties entieres & non point rompuës, & i'entends qu'une boite cubique est rationelle quand son espaisseur comme ses costez sont aussi des nombres entiers, & non des parties rompuës : tellement qu'il est facile à concevoir par l'exemple du Theoreme 39. que les figures qui restent dans le nombre superieur des secondes chambres se joignent avec les figures du nombre superieur des troisiémes pour ne faire en tout que le nombre superieur de la troisiéme chambre ou des nombres quarrez ou des nombres cubiques.

THEOREME XLIII.

Comme la superficie des gnomõs divisée par ses deux costez interieurs adioustez, ne peut iamais donner qu'une trop grande largeur: le solide de la boite cubique divisé par les trois quarrez adioustez de la superficie interieure, ne peut iamais donner qu'une espaisseur trop excessive, soit dans les nombres entiers ou dans les nombres rompus, selon les precedentes maximes.

Vous devez considerer que les superficies sont formées d'une longueur & d'une largeur, & que divisant une superficie par sa longueur que vous aurez dans le quotient de l'operation sa largeur, comme pareillement que tous les solides sont formez de longueur, de largeur & d'espaisseur : & que divisant un solide par la superficie qui a longueur & largeur, que vous aurez son espaisseur dans le quotient de la regle. D'où il est évident qu'en la division des superficies, plus la longueur est petite, plus la largeur est grande : & qu'en la division des solides, plus les superficies sont petites; Que plus les espaisseurs sont grandes, ce qui suffit pour ce Theoreme.

THEOREME XLIV.

Dãs les operations de la seconde chambre des nombres quarrez & cubiques, & non

point dans les operations des
autres fuivantes, les excés du
precedent Theorême fe ren-
dent d'autant plus fenfibles
aux nombres entiers de la
divifion Arithmetique; qu'en
fes premiers gnomons, les coftez interieurs font plus pe-
tits, & les fuperficies plus
grandes, comme aux premieres boites cubiques les fuperficies interieures plus petites, & les folides plus grandes que dans les autres chambres.

Comme les defauts que ie viens
de remarquer dans les Theoré-
mes 43. & 44. ne fe treuvent que
rarement, & feulement dans les
operations de la feconde chambre des nombres quarrez ou cu-

biques donnez, ie dois vous ad-
uertir en cét endroit touchant l'u-
fage de cette feconde chambre,
de ne prendre que la figure de 9.
tout au plus, en divifât le nombre
fuperieur par le premier nombre
inferieur pofé dans la mefme
chambre, parce que ce nombre
toûjours moindre de 10. eft la
largeur du premier gnomon rationel ou l'efpaiffeur de la premiere boite cubique rationelle,
c'eft à dire la feconde figure du
nombre de la racine treuvée.

THEOREME XLV.

Dans la theorie & l'ufage
des racines quarées, fi vous
doublez la premiere figure
trouvée pour le quotient en
l'operation de la regle, & adiouftez un zero à ce double,

vous en poserez tout le nombre dans la seconde chambre
de voſtre compartiment,
pour en diviſer le nombre
ſuperieur de la meſme chambre, & en tirer la largeur du
premier gnomon, ou la ſe-
conde figure du quotient de
la racine cherchée.

Soit le nombre donné 1047.
pour en extraire la racine quarrée
party en deux chambres à l'ordinaire, la premiere 10. & la ſeconde 47. Derechef ſoit pris le quarré 9. qui a 3. pour ſa racine, & ce
quarré 9. ſoit poſé pour le nombre inferieur de la premiere
chambre, & puis ſouſtrait de 10.
nombre ſuperieur de la meſme:
afin qu'il reſte pour tout le nombre ſuperieur de la ſeconde chambre

bré 147. comme au Theoréme
39. apres avoir toutefois pofé 3.
pour la premiere figure du quotient de la racine quarrée. Cela
fait, doublez cette premiere figure de la racine 3. & vous aurez 6.
pour le double de cette racine,
qui eft le double du côté du quarré fouftrait, fuivant les precedentes maximes , ou la fomme des
deux coftez interieurs du gnomon de voftre regle. Derechef ad-
joûtez un zero à ce double 6.
pour avoir le nombre 60. que
vous poferez dans la feconde
chambre fous le nombre fuperieur de la mefme, puis vous di-
viferez ce nombre fuperieur 147.
par le nombre inferieur 60. &
vous aurez 2. pour la feconde figure de la racine, qui fera en tout
de 32. & ce qui reftera du nombre
fuperieur fera 27. Or vous remarquerez en cet exemple que 42. eft

la largeur du gnomon rationel de la feconde chambre, & que 32. eft la racine de 1047. fans parler en ce lieu du nombre 27. qui refte.

THEOREME XLVI.

Dans la theorie & l'ufage des racines cubiques, fi vous triplez la premiere figure trouvée pour le quotient en l'operation de la regle, & en multipliez le produit par la mefme figure premiere; vous adioufterez deux zero à cette fomme, & la pofant toute entiere dans la feconde chambre de voftre compartiment pour en divifer tout le nombre fuperieur de la

mesme chambre, vous en tirerez l'épaisseur de la premiere boite cubique, ou la
seconde figure du quotient
de la racine cherchée.

Soit le nombre donné 76842.
pour en extraire la racine cubique
party en deux chambres, la premiere 76. & la seconde 842. Derechef soit pris un cube rationel
moindre de 76 à sçavoir 64. qui a
4. pour sa racine cubique, & le
cube souftrait 64. soit posé pour le
nombre inferieur de la premiere
chambre, & puis osté de 76. nombre superieur de la mesme, afin
qu'il reste pour tout le nombre superieur de la seconde chambre
12842. comme au Theoréme 39.
Apres avoir toutefois posé 4. pour
la premiere figure du quotient de
la racine cubique, cela fait, tri-

plez la premiere figure de la racine cubique 4. & vous aurez 12.
que vous multiplierez par la mefme racine 4. pour avoir 48. ou
4800. felon ce Theorême, laquelle fomme 4800. eft la fuperficie des trois quarrez interieurs de la premiere boîte cubique, que vous poferez pour le
nombre inferieur de la feconde
chambre pour en divifer le nombre fuperieur 12842. qui eft tout
le folide de la boite cubique du
refte du cube fouftrait. Or cette
divifion vous donnera 2. pour la
feconde figure de la racine cubique, qui eft l'épaiffeur de la vraye
boite cubique rationelle de la feconde chambre, & ne laiffera
pour le nombre fuperieur de la
mefme, apres cette divifion de
2. que 3242.

THEOREME XLVII.

Dans les deux precedents Theorêmes, les nombres inferieurs posez dans les secondes chambres , ne sont pas la vraye superficie du premier gnomon rationel , ny le vray solide de la premiere boite cubique rationelle : Dautant qu'apres en avoir divisé les nombres superieurs , vous diviserez encore une fois le reste de ce nombre superieur sans sortir des mesmes secondes chambres.

Parce que dans le Commentaire du Theoréme 45. 120. n'est point l'entiere superficie du gno-

mon rationel de la seconde chambre du nombre quarré, non plus
que dans le Commentaire du
Théoréme 46. où 4800. n'est
point l'entiere superficie de la
boite cubique rationelle de la seconde chambre du nombre cubique. Dautant que les nombres
superieurs qui restent dans l'une
& dans l'autre de ces deux chambres quarrées ou cubiques, doivent estre encore divisez par les
suplémens de la superficie du
gnomon, & de la superficie de la
boite cubique, comme aux Theo-
rémes qui suivent.

THEOREME XLVIII.

En suitte des precedens
Theorêmes, si vous prenez
le quarré de la seconde figure, nouvellement posée dans

le quotient de voftre racine
quarrée, & oftez ce nombre
quarré du refte du nombre
fuperieur de la feconde
chambre: vous en aurez fouftrait tout le gnomon rationel, fuivant les precedentes
maximes.

Prenez le quarré de la feconde
figure de la racine quarrée du
Theorême 45. qui eft 2. & vous
aurez 4. pour la fuperficie de ce
quarré que vous ofterez enfuitte
de 27. nombre fuperieur qui refte
dans la feconde chambre. Parce
que, en ce faifant, vous aurez
fouftrait de tout le nombre fuperieur de la feconde chambre 147.
toute la fuperficie du gnomon rationel de 124 ne vous reftant plus
du nombre fuperieur de la mefme

que 23. Mais vous remarquerez en cet exemple que le nombre 60. pris deux fois, eft de 120. pour la premiere fuperficie enlevée du nombre fuperieur de la feconde chambre, & que le quarré de 2. qui fait 4. eft le fupplément de cette fuperficie, montant en tout à 124.

THEOREME XLIX.

Semblablement fi vous triplez la premiere figure du quotient de voftre racine cubique, & adjouftez à ce triple la feconde figure nouvellement pofée au mefme quotient, vous en multiplierez toute la fomme par la mefme feconde figure; & fi vous tirez ce dernier produit du re-

ste du nombre superieur de
la seconde chambre , en le
repetant autant de fois que
porte la seconde figure du
mesme quotient , vous en
aurez souftrait toute la boite
solide rationelle.

Ce Theorême eft la fuitte du
Theorême 46. dont il faut pour-
fuivre l'exemple de la forte. La
racine cubique eftant trouvée de
42. triplez la premiere figure 4.
de cette racine pour avoir 12. à
quoy vous adjoufterez la feconde
figure 2. & vous aurez 122. pour
cette premiere fomme , qui eft la
longueur des trois colomnes
quarrées & du petit cube du
Theoréme 28. puis multipliez
toute cette longueur 122. par 2.
qui eft l'épaiffeur de la boite cubique, & la feconde figure de

cette racine, pour avoir 244, superficie de toute cette longueur.
Derechef tirez le nombre 244.
du nombre superieur de la seconde chambre 3242. du Theoréme
46. en le repetant autant de fois
que porte la seconde figure de la
racine cubique, c'est à dire deux
fois, & vous aurez l'extrait. En ce
faisant tout le solide de la boite
cubique rationelle de la seconde
chambre, ou le nombre superieur
du reste ne sera plus que de 1754.
Or vous noterés en cet exemple que vostre boite cubique rationelle & souftraite a esté parta-
gée en sept pieces comme au
Theoréme 27.

THEOREME L.

Si vous prenez le quarré
des deux premieres figures
posées dans le quotient de la

racine quarrée, & le comparez à tout le premier nombre
superieur de la premiere &
de la seconde chambre, vous
trouverez que la seconde figure du mesme quotient est
dans la convenable justesse,
si le nombre de ce quarré est
égal ou moindre que l'autre:
dautant que s'il estoit plus
grand, la seconde figure de
vostre racine quarrée seroit
aussi trop grande selon les
precedentes maximes.

l'ay déja fait mention de cette
ambiguité, touchant l'operation
de la seconde chambre de vos
nombres quarrés, en prenant la
largeur du premier gnomon de
vostre regle; parce qu'il peut ar-

river lors que le coſté du quarré ſouſtrait eſt fort petit, que cette largeur ſoit priſe trop grande: C'eſt pourquoy vous connoiſtrez ſi elle eſt dans ſa convenable juſteſſe, en multipliant la racine quarrée de voſtre quotient par elle-meſme; c'eſt à dire, en cet exemple 32. par 32. pour avoir 1024. nombre quarré de cette racine: leſquels vous comparerez avec le premier nombre donné 1047. car ſi vous le trouvez plus grand, cette largeur ſera trop grande; mais s'il eſt moindre, comme en cet exemple où 1024. eſt moindre que 1047. vous direz alors que l'operation de vos deux premieres chambres eſt fort juſte. Or vous noterez que cette ambiguité n'arrive jamais dans les operations de la troiſiéme chambre, non plus que dans les ſuivantes.

THEOREME LI.

Semblablement fi vous prenez le cube des deux premieres figures pofées dans le
quotient de la racine cubique, & le comparez à tout le
premier nombre fuperieur
de la premiere & de la feconde chambre ; vous trouverez
que la feconde figure du
mefme quotient eſt dans la
convenable iuſteſſe, fi le
nombre de ce cube formé eſt
égal ou moindre que l'autre:
dautant que s'il eſtoit plus
grand, la feconde figure de
voftre racine feroit auffi trop
grande felon les mefmes maximes.

Le mefme inconvenient peut encore arriver dans les operations des racines cubiques , comme dans les racines quarrées du precedent exemple ; ce que toutefois vous découvrirez facilement, fi apres avoir extrait les deux premieres figures du quotient de voftre racine cubique, vous en prenez le cube & le comparez avec les premieres figures de tout le nombre fuperieur de la premiere & de la feconde chambre de voftre regle, comme il fe voit aux precedentes operations où les deux figures de la racine cubique font 42. & le cube de ces deux figures 73600. lequel eftant moindre que 76842. nombre fuperieur de la premiere & de la feconde chambre , vous demonftre que l'operation de ces deux premieres chambres eft dans fa convenable juftefle. Mais fi le cube formé de la premiere & seconde figure de la racine cubique estoit plus grand que le nombre superieur & donné de la premiere & seconde chambre de vostre regle : il faudroit en ce cas avoir où prendre la seconde figure de la racine moindre d'un point, à sçavoir de 3. au lieu de 4. ou de 4. au lieu de 5. pour rendre plus juste l'operation de la seconde chambre de vos nombres quarrés ou cubiques. Ie dis seulement de la seconde chambre, parce que cette ambiguité ou ce doute ne tombe jamais dans les operations de la troisiéme & quatriéme chambre, & moins encore dans les suivantes.

THEOREME LII.

Dans les mesmes operations, si le quarré des deux

premieres figures de la racine
quarrée eſt égal au premier
nombre donné des deux premieres chambres, le premier
nombre donné ſera rationel:
mais s'il eſt moindre, ce premier nombre donné ſera irrationel, & ſon excés ou ſon
reſte de la ſouſtraction de
l'autre ſera confondu dans le
nombre ſuperieur de la
chambre ſuivante.

Comme ſi le nombre donné
eſtoit de 104764 & les deux premieres figures extraites de la racine quarrée 32. Ie dis que ſi le
quarré de cette racine 32. eſt égal
au nombre ſuperieur de la premiere & ſeconde chambre 1647.
que ce nombre ſuperieur eſt rationel; mais au contraire ie diray
qu'il

qu'il est irrationel, si le quarré de
32. à sçavoir 10 2'4. est moindre
comme en cet exemple. D'avan-
tage, ie vous diray que s'il reste des
figures du nombre superieur de la
seconde chambre, après en avoir
achevé toute l'operation: que ces
figures de reste avec les figures du
nombre superieur de la troisiéme
chambre feront ensemble tout le
nombre superieur de la mesme.
Comme en cet exemple où 23. seront les figures de reste du nombre superieur de la premiere &
seconde chambre. Ie dis que 2364.
sera le nombre superieur de la
troisiéme chambre de vostre
compartiment pour en faire l'o-
peration comme des autres.

THEOREME LIII.

Semblablement si le cube
des deux premieres figures de

la racine cubique eſt égal au premier nombre donné des deux premieres chambres, ce premier nombre donné ſera rationel : mais s'il eſt moindre, ce premier nombre donné ſera irrationel ; & ſon excés ou ſon reſte de la ſouſtraction de l'autre ſera dans le nombre ſuperieur de la chambre ſuivante.

Comme ſi le nombre donné eſtoit 76842346. & les deux premieres figures extraites de la racine cubique 42. Ie dis que ſi le cube de cette racine 42. eſt égal au nombre ſuperieur de la premiere & ſeconde chambre 76842. que ce nombre ſuperieur eſt rationel : mais au contraire, je diray qu'il eſt irrationel ſi le cube de 42, à ſçavoir 73600. eſt moindre, comme en cet exemple. Davantage, je vous diray que s'il reſte des figures du nombre ſuperieur de la ſeconde chambre, aprés en avoir achevé toute l'operation, que ces figures de reſte avec les figures du nombre ſuperieur de la troiſiéme chambre feront enſemble tout le nombre ſuperieur de la meſme. Comme en cet exemple où 3242. feront les figures de reſte du nombre ſuperieur de la premiere & ſeconde chambre. Ie dis que 3242346. ſera le nombre ſuperieur de la troiſiéme chambre de voſtre compartiment pour en faire l'operation comme des autres.

THEOREME LIV.

Suivant les meſmes regles, ſi vous doublez tout le quotient de la racine quarrée, &

adjouftez un zero à ce double, vous en poferez tout le nombre dans la troifiéme chambre de voftre compartiment, pour en divifer tout le nombre fuperieur de la mefme chambre, & en tirer la largeur du deuxiéme gnomon rationel ou la troifiéme figure du quotient de la racine cherchée, & en prenant le quarré de cette troifiéme figure, vous l'ofterez encore du refte du mefme nombre fuperieur comme dans la feconde chambre.

Prenez dans le Theorême 52. tout le nombre fuperieur de la troifiéme chambre 2364 & les deux premieres figures de la ra-

cine quarrée 32, pour en trouver
la troifiéme de la forte. Doublez
toute la racine quarrée 32. & vous
aurez en ce double 64. auquel
vous adjoufterez un zero pour
avoir 640. Cela fait, pofez ce
nombre 640. fous le nombre fuperieur de la troifiéme chambre
2364. & divifez ce nombre fuperieur par le nombre inferieur, &
vous aurez 3. pour la troifiéme figure de voftre racine, & pour la
largeur du deuxiéme gnomon de
la troifiéme chambre : Mais le
nombre fuperieur de cette chambre ne fera plus aprés fa divifion
que 444. Derechef prenez le
quarré de la troifiéme figure nouvellement pofée en la racine qui
fera 9, & puis oftez ce quarré 9.
de 444. dernier nombre fuperieur
de la troifiéme chambre, & vous
aurez 435. pour le refte, apres
avoir extrait de tout le nombre

2364. toute la superficie de vôstre deuxiéme gnomon rationel suivant les precedentes maximes.

THEOREME LV.

Semblablement si vous triplez tout le quotient de vostre racine cubique, & en multipliez le produit par le mesme quotient, vous adjousterez deux zero à toute la somme, & la posant toute entiere dans la troisiéme chambre de vostre compartiment pour en diviser tout le nombre superieur de la mesme, vous en tirerez l'épaisseur de la seconde boite cubique rationelle, ou la troisiéme figure du quotient de la racine cherchée, comme dans la seconde chambre.

Prenez dans le Theorême 53. tout le nombre superieur de la troisiéme chambre 3242346 & les deux premieres figures extraites de la racine cubique 42. pour en trouver la troisiéme de la sorte, triplez 42. racine cubique pour avoir 126. & multipliez ce triple 126. par la mesme racine 42. & vous aurez 5092. à quoy vous adjousterez deux zero pour avoir 509200. pour la superficie des trois quarrés interieurs de la seconde boite cubique de voſtre regle. Derechef posez ce dernier nombre 509200 sous le nombre superieur de la troisiéme chambre 3242346. & divisez ce nombre superieur par le nombre inferieur pour avoir 6. troisiéme figu-

re de voſtre racine cubique, qui
eſt l'épaiſſeur de la ſeconde boite
cubique de voſtre regle; mais le
nombre ſuperieur de la troiſiéme
chambre aprés ſa diviſion ne ſera
plus que 187146.

THEOREME LVI.

Derechef ſi vous triplez les
deux premieres figures du
quotient de la precedente racine cubique, & adjouſtez à
ce triple la troiſiéme figure
nouvellement poſée au meſme quotient; vous en multiplierez toute la ſomme par la
meſme troiſiéme figure: &
ſi vous tirez ce dernier produit du reſte du nombre ſuperieur de la troiſiéme chambre,

bre, en le repetant autant de
fois que porte la troifiéme
figure du mefme quotient,
vous en aurez fouftrait toute
la boite folide rationelle
comme dans la feconde
chambre, le mefme eftant
de toutes les autres chambres
des nombres quarrés & cu-
biques.

Ce Theorême eft une fuitte du
Theorême 55. & en acheve la regle en cette maniere. Adjouftez
à 126. triple des deux premieres
figures de la racine cubique 426,
le nombre 6. troifiéme figure de
cette racine, & vous aurez 1266.
pour toute la longueur des trois
colomnes quarrées & du petit
cube du Theorême 27. Derechef
multipliez toute cette longueur

I

1266. par la troifiéme figure de cette racine cubique, & vous aurez 7396. pour la fuperficie de toute cette longueur que vous ofterez fix fois, à caufe de la troifiéme figure de la racine du dernier nombre de la troifiéme chambre 187146. afin d'avoir · 42770. pour le refte du nombre fuperieur de la troifiéme chambre, apres en avoir fouftrait, comme nous avons fait, tout le folide de la feconde boite cubique rationelle.

THEOREME LVII.

En toutes les precedentes operations, fi les nombres inferieurs pofez dans une chambre, font plus grands ou plus longs en reculant que les nombres fuperieurs de la mefme : vous pafferez en l'o-

peration de la chambre suivante. Apres avoir adjousté
un zero au quotient de vostre
racine quarrée ou cubique:
& dans les mesmes condi-
tions, que le nombre superieur de la chambre delaissée,
soit confondu dans le nombre superieur de la succe-
dante.

Quoique ce Theoréme soit
assez intelligible, je le rendray
tousiours plus facile à concevoir,
en disant que si le nombre superieur de la seconde chambre,
estoit par exemple 243. & le nombre inferieur de la mesme, 3214.
c'est à dire plus grand que l'autre:
que toute l'operation de cette
chambre seconde seroit de poser
seulement un zero dans le nom-

bre quotient de la racine quarrée ou cubique. Mais il faudroit en ce cas joindre le nombre superieur 243. avec le nombre superieur de la troisiéme chambre, pour en faire tout le nombre superieur de la mesme, selon les precedents Theorêmes.

THEOREME LVIII.

Si en l'expedition de la derniere chambre de vos nombres quarrez & cubiques donnez, les nombres du dernier gnomon rationel ou de la derniere boite cubique rationelle, enlevent tout le reste des nombres superieurs: les nombres quarrez & cubiques donnez, seront rationaux, & leurs racines extrai-

tes pareillement rationelles.
Mais s'il vous reste encore
des figures dans les nombres
superieurs, vous en trouverez les fractions de vos racines quarrées ou cubiques par
les regles suivantes.

Ce Theorême n'est qu'une pre-
paration pour entrer dans la connoissance des fractions ou des parties rompuës, soit de racines
quarrées, soit de racines cubiques: Car si en l'expedition, c'est
à dire, en la derniere operation
de la derniere chambre de vos
nombres quarrez ou cubiques
donnez, il vous reste encore des
figures, je vous enseigneray en
cet ouvrage le veritable secret
d'en extraire les fractions ou les
parties rompuës, principalement
pour les racines cubiques, où nul

Autheur, que je fçache, n'a jamais pû penetrer, quoiqu'ils foient en grand nombre, & des plus renommez entre les Geometres.

THEOREME LIX.

En fuitte du precedent Theorême, fi vous adiouftez de nouvelles chambres aux compartimens de vos nombres quarrez ou cubiques donnez, & les rempliffez de zero de deux en deux, ou de trois en trois : vous en continuerés les operations dans les chambres adjouftées comme dans les chambres antecedentes, & vous fervant toûiours du mefme quotient, vous le prolongerés auſſi de meſme que vous avancerés de chambre.

Pour extraire la racine dés nombres quarrez ou cubiques ſuperieurs qui vous ſont demeurez aprestoutes les operations dans la derniere des chambres de vos compartiments, il faut adiouſter d'autres chambres remplies de zero, afin de continuer ou de prolonger ainſi voſtre regle pour adiouſter au quotient de voſtre racine quarrée ou cubique les figures que le prolongement de ces nouvelles chambres vous donneront, comme porte le Theorême.

THEOREME LX.

Comme toutes les chambres que vous adiouſterez à

voſtre nombre quarré don-
né, feront chacune de deux
zero, celles que vous adioû-
terés à voſtre nombre cubique donné, en feront chacune de trois, & tant les unes
comme les autres, vous donneront une figure pour le
quotient de vos racines pro-
longées.

Soit 10. nombre donné pour en
extraire la racine quarrée, placé
dans une feule chambre, ie dis
que 3. fera la figure extraite pour
la racine, & que le nombre fuperieur de reſte dans la premiere
chambre, aprés en avoir fouſtrait
le quarré 9. fera 1. duquel vous ti-
rerés la racine de la forte. Adioû-
tés une chambre de deux zero
en fuitte de la premiere, & ioi-

gnés au nombre de cette seconde
chambre 1. nombre superieur de
reste de la premiere, & vous aurés
100. pour le nombre superieur de
vostre seconde chambre. Derechef employez le nombre trois
de vostre racine pour cette operation de la chambre seconde suivant les precedentes regles, &
vous aurés 1. pour la seconde figure de vostre racine quarrée, & 39.
pour le nombre superieur de reste de la seconde chambre, auquel vous adiousterés encore
deux zero pour avoir 3900. nombre superieur de la troisiéme
chambre adioustée, qui vous
donnera 6. pour la troisiéme figure de vostre racine quarrée. Semblablement soit 12. nombre donné pour en extraire la racine cubique, ie dis que 2. sera la premiere figure de la racine, & 4. le
nombre superieur de reste dans la

premiere chambre, aprés en avoir
souſtrait le cube 8. à l'accouſtu-
mée; il faut donc tirer la racine
cubique de ce nombre 4. en cette
maniere. Adiouſtez une ſeconde
chambre de trois zero à la premiere, & vous aurez 4000. pour
le nombre ſuperieur de cette
chambre ſeconde, cela fait, prenez avec 2. premiere figure de
voſtre racine, & ſuivant l'exemple du Theorême 49. la ſeconde
figure de cette racine cubique de
2. que vous poſerez en ſuitte de
la premiere 2. pour avoir 22. racine cubique. Mais le nombre ſuperieur de reſte, apres toute l'o-
peration de la ſeconde chambre,
ſera 1352. que vous joindrez aux
trois zero de la troiſiéme chambre, pour avoir encore une troiſiéme figure dans le quotient
de voſtre racine cubique, par le
moyen du nombre ſuperieur de

cette troisiéme chambre de
1352000. qui vous donnera 9.
pour cette figure troisiéme, &
pour voftre racine cubique 229.
donnée par les trois chambres.

THEOREME LXI.

Plus vous adioufterez de
chambres aux compartimens
de vos nombres quarrés ou
cubiques donnés ; plus vous
aurés de figures dans les
nombres de vos racines quarrées & cubiques : & fi vous
coupés ce nombre par une
virgule à l'endroit où con-
viennent les figures données
par les chambres adiouftées,
vous aurez les nombres entiers de voftre racine quarrée

ou cubique dans la partie anterieure du total nombre
coupé, & les nombres rom-
pus en la partie posterieure
du mesme.

Si vous adjoustez une chambre
à vos nombres quarrez ou cubiques donnez, vous aurez une figure de plus dans le quotient de
vostre racine quarrée ou cubique; & si vous en adjoustez deux
vous aurez deux figures de plus
dans le quotient de la mesme racine: parce qu'autant de chambres adjoustées aux chambres du
compartiment de vos nombres
donnez, adjoustent autant de
nouvelles figures dans les racines
extraites. Mais vous devez toûjours couper les nombres de vos
racines par une virgule à l'endroit
où commencent les nouvelles fi-

gures produites par les chambres
adjouftées, comme en l'exemple
du precedent Theorême où 316.
eft la racine quarrée que vous devez couper par une virgule de la
forte 3, 16. & la racine cubique
229. en cette maniere 2, 29, parce
qu'en ces nombres coupez en
deux par la virgule, la partie anterieure eft de nombres entiers,
& la partie pofterieure de nombres rompus & fractions des autres, comme j'ay dit ailleurs en
ces Theorêmes.

THEOREME LXII.

Finalement en la prece-
dente feparation du total
nombre de voftre racine
quarrée ou cubique trouvée.
Si vous avez une figure en la
partie pofterieure du mefme

nombre, ce feront des dixiémes ; fi vous en avez deux, ce
feront des centiémes; fi vous
en avez trois, ce feront des
milliémes : & partant fi vous
adiouftez feulement trois
chambres à vos nombres
quarrés ou cubiques irrationaux donnez, vous en trouverez les racines irrationelles
& rompuës iufqu'à la millié-
me partie de l'une des entieres.

Comme dans le Commentaire
du precedent Theorême où le
nombre de la racine quarrée eft
ainfi coupé 3, 16. je dis que 3. font
les parties entieres de la racine
quarrée, & 16. des centiémes de
l'une des parties des trois, le mef-

ne eſtant du nombre de la racine cubique 2, 29 ; car 2. ſont les parties entieres de cette racine, & 29. des centiémes de chacune des autres : dautant que dans les nombres rompus ou poſterieurs de toutes ces racines extraites de la ſorte , la premiere figure eſt des dixiémes , la premiere & la ſeconde enſemble des centiémes ; comme la premiere , la ſeconde & la troiſiéme pareillement enſemble ſont des milliémes. Le meſme eſtant d'un plus grand nombre de toutes ces figures adiouſtées, parce que s'il y en avoit quatre ce ſeroit des dix milliémes, ainſi du reſte.

THEOREME LXIII.

Comme les conditions des chambres adiouſtées pour en tirer les fractions des racines quarrées & cubiques, font les mefmes que celles des chambres antecedentes ; toutes les figures qui vous reftent dans les nombres fuperieurs & donnez, & les deux ou trois zero de la premiere des chambres adiouftées , font enfemble le nombre fuperieur de cette premiere chambre adiouftée , le mefme eftant dans les fuccedantes.

Vous voyez en ce Theorême une partie des chofes que vous avez obfervées dans les operations des chambres adjouftées, qui font toufiours de la mefme condition des autres ; c'eft à dire, que les nombres fuperieurs qui reftent

reſtent dans les chambres antecedentes , aprés les avoir entiere-
ment expediées , ſe doivent ioin-
dre avec les nombres ſuperieurs
des chambres ſuccedantes , pour
ne faire enſemble qu'un ſeul
nombre. Ce que i'ay voulu expliquer comme i'ay fait dans les precedens & prochains exemples
pour rendre les operations plus
faciles.

THEOREME LXIV.

Derechef ſi les nombres
quarrez & cubiques donnez
ſont doublement irratio-
naux, & leurs fractions reduites en dixiémes, en centiémes , ou en milliémes:
vous en trouverez les fractions des racines quarrées

K

ou cubiques dans les mesmes operations des precedentes chambres adioustées; si au lieu des zero de la premiere de ces chambres, vous posez les figures des nombres rompus, & donnez, avec ces nombres quarrez & cubiques.

Ce Theorême est principalement pour les nombres quarrez ou cubiques donnez, avec des fractions ou des parties rompuës, qui sont reduites en dixiémes, centiémes, ou milliémes des nombres entiers. Car si aprés avoir extrait toute la racine quarrée ou cubique d'un nombre donné, vous voulez encore extraire les racines des parties rompuës données avec les mesmes nombres:

il faut adiouster pour les quarrez
des nouvelles chambres remplies
de ces figures de deux en deux, &
pour les nombres cubiques de
trois en trois. Et si les figures des
nombres rompus pour les quarrés
n'estoient qu'une, il faudroit adjouster un zero pour en faire une
chambre : Mais si ces figures
estoient en nombre de trois, vous
leur adjousterez un zero pour en
former deux chambres, & en tirer les racines à l'ordinaire. Comme pareillement aux nombres cubiques, si les figures n'estoient
qu'au nombre de deux, il faudroit leur adiouster un zero pour
en faire une chambre; & si elles
estoient au nombre de quatre,
vous leur devez adjouster deux
zero pour en former deux chambres entieres : afin d'en extraire
les figures de la racine, qui se-
roient suivant l'ordre des cham-

bres des dixiémes, des centiémes,
ou des milliémes. Or i'entends
par les nombres doublement irrationaux les nombres quarrés ou
cubiques donnés, qui font com-
pofés des parties entieres & des
parties rompuës, en telle forte
que le nombre des parties entieres foit irrationel dans les con li-
tions precedentes : car fi 12, 34.
eft un nombre cubique donné, ie
dis que ce nombre eft doublement irrationel à caufe du nombre 12. qui eft de foy irrationel &
des fractions 34. qui font des centiémes. Tellement qu'il faut en
cette operation fouftraire premierement le cube 8. du nombre
entier 12. pour avoir 4. nombre
fuperieur de refte dans cette premiere & unique chambre : cela
fait, adiouftez un zero à 34. pour
avoir 340 afin d'en former une
nouvelle & feconde chambre,

puis joignez 4. nombre superieur
de reste dans la premiere chambre à 340. & vous aurez 4340.
pour tout le nombre superieur de
la seconde chambre adioustée selon nos maximes. Par laquelle
vous trouverez 3. premiere figure
des fractions de vostre racine cubique 2, produite par l'excés du
nombre 12. sur 8. confondu avec
les parties rompuës 34. & ainsi
vous aurez dans le quotient de
vostre racine 23. & dans le nombre superieur de reste de la seconde chambre 173. que vous joindrez aux trois zero d'une seconde
chambre adioustée, qui sera la
troisiéme en ce compartiment
pour avoir 173000. pour le nombre superieur de la troisiéme
chambre. Finalement vous ferez
l'operation de cette chambre
troisiéme, & vous aurez 1. pour
la troisiéme figure du quotient de

voſtre racine cubique en touc de
231.ou 31. c'eſt à dire de deux parties entieres, & de 131. centiéme
pour la iuſte racine du nombre 12,
34. doublement irrationel ſuivant ce Theorême.

FIN.

Reliure serrée

www.ingramcontent.com/pod-product-compliance
Lightning Source LLC
Chambersburg PA
CBHW032324210326
41519CB00058B/5525